**Bibliografische Information der Deutschen Nationalbibliothek:**

Die Deutsche Bibliothek verzeichnet diese Publikation in der Deutschen National-
bibliografie; detaillierte bibliografische Daten sind im Internet über http://dnb.d-
nb.de/ abrufbar.



**Impressum:**

Copyright © 2018 GRIN Verlag, Open Publishing GmbH
Druck und Bindung: Books on Demand GmbH, Norderstedt Germany
ISBN: 9783668621060

**Dieses Buch bei GRIN:**

https://www.grin.com/document/388269

**Michael Dienst**

# DARCY Transformation

**Einige Gedanken zu D'ARCY THOMPSONS THEORIE OF TRANSFORMATION**

GRIN Verlag

# DARCY Transformation
## Einige Gedanken zu D'ARCY THOMPSONS THEORIE OF TRANSFORMATION

Michael Dienst, Berlin  im Winter 2017

Die Idee der DARCY Transformation ist von den Arbeiten des D'Arcy Wentworth Thompson[1] inspiriert. In der Regel werden Koordinatentransformationen „Top-Down" ausgeführt indem eine existierende Transformationsvorschrift, die von spezifischen Parametern getragen ist, auf eine Transformationsaufgabe angewandt wird und diese löst. Im vorliegenden Fall kennen wir diese Transformationsregel jedoch nicht. Es bleibt also die Aufgabe, die Parameter  der Transformation zu quantifizieren zunächst ungelöst. Der Transformationsansatz erlaubt die Abbildung gegebener Motivstrukturen aus orthogonalen, kartesischen Koordinatensystemen in krummlinigen Koordinatensystemen.

The idea of the DARCY transformation is inspired by the work of D'Arcy Wentworth Thompson. In general, transformations are performed "top-down" by applying and resolving an existing transformation rule, which is supported by specific parameters to a transformation task. In the present case, however, we do not know this transformation rule. So the task remains to quantify the parameters of the transformation, initially unresolved. The transformation approach allows mapping of given motif structures from orthogonal Cartesian coordinate systems in curvilinear coordinate systems.

---

[1] **D'Arcy Wentworth Thompson** (* 2. Mai 1860 in Edinburgh; † 21. Juni 1948 in St Andrews) war ein britischer Mathematiker und Biologe. Thompson wird häufig der „erste Biomathematiker" genannt. Sein Ruhm gründet sich auf das Buch „On Growth and Form", dessen erste Auflage 1917 erschien (deutsch „Über Wachstum und Form").

Vor ziemlich genau hundert Jahren veröffentlicht D'Arcy Wentworth Thompson das Werk „ON GROTH AND FORM"[2]. Das Buch gilt als exzellent und ist in seiner Art auch für naturwissenschaftliche Laien richtungsweisend. Mit meiner Bewunderung stehe ich nicht alleine da. In einer Rede zum 150ten Geburtstag D'Arcy Thompsons heißt es: *„Perhaps the most famous images from 'On Growth and Form' are the transformations. D'Arcy showed that gross variation in form between related species could be modeled by the* consistent *deformation of a sheet."*

Die Sinnfälligkeit seiner Graphiken lassen den Leser unmittelbar verstehen, was ihm D'Arcy Thompson mitteilen möchte. Dies gilt in besonderer Weise für die "Theorie der Transformationen" (Kapitel VIII) in der D'Arcy Wentworth Thompson mathematische Methoden erörtert, die Darstellungen zu Unterschieden zwischen Form und Gestalt verwandter Arten theoretisch unterlegt. Thompson selbst nennt seine Methode ein Kraftgrößenverfahren.

Darcy kannte die grundlegenden Arbeiten zur Mechanik und Festigkeitslehre seiner Zeit, die Ansätze nach Bernoulli[3] und ganz sicher die Theorie der elastischen Linie. In ON GROTH AND FORM zitiert er die auf dem Prinzip der elastischen Linie basierenden Deutungen biologischer Konstruktionen – etwa das Cullmann-Verfahren[4] - und Berechnungsmethoden für

---

[2] **On Growth and Form** is a book by the Scottish mathematical biologist D'Arcy Wentworth Thompson (1860–1948). The book is long – 793 pages in the first edition of 1917, 1116 pages in the second edition of 1942.
The book covers many topics including the effects of scale on the shape of animals and plants, large ones necessarily being relatively thick in shape; the effects of surface tension in shaping soap films and similar structures such as cells; the logarithmic spiral as seen in mollusc shells and ruminant horns; the arrangement of leaves and other plant parts (phyllotaxis); and Thompson's own method of transformations, showing the changes in shape of animal skulls and other structures on a Cartesian grid. https://en.wikipedia.org/wiki/On_Growth_and_Form
[2] eine überarbeitete Ausgabe aus dem Jahre 1945 ist als ebook verfügbar, wohingegen das Original als vergriffen gilt. https://openlibrary.org/books/OL13506098M/On_growth_and_form read online or Download.
[3] Die **bernoullischen Annahmen** sind Vereinfachungen der Balkentheorie, die sich als Teilgebiet der Technischen Mechanik mit dem Verhalten belasteter Balken beschäftigt. Sie sind benannt nach Jakob I. Bernoulli, von dem sie aufgestellt und dann in die Theorie übertragen wurden. (1) Der Balken ist *schlank*: seine Länge ist wesentlich größer als seine Querschnittsabmessungen. (2) Daraus folgt, dass man von Schubstarrheit ausgehen kann. (3) Balkenquerschnitte, die vor der Deformation senkrecht auf der Balkenachse standen, stehen auch nach der Deformation senkrecht auf der deformierten Balkenachse. (4) Aus Winkelerhalt folgt dass Schubstarrheit gefordert wird (5) Unter Berücksichtigung von Gleichgewicht folgt dass Schubstarrheit gefordert wird bleiben auch nach der Deformation in sich eben.
[4] Das **Culmann-Verfahren** (oft auch Vierkräfteverfahren genannt) ist ein zeichnerisches Verfahren zur Lösung von Problemen der Statik. Der Name geht auf den Pfälzer Bauingenieur Karl Culmann (1821–1881) zurück. Dieser hatte es sich zum Lebenswerk gemacht, zeichnerische Verfahren zu entwickeln, um die Dimensionen von Balken in Fachwerken ermitteln zu können. Um das Culmann-Verfahren anwenden zu können, benötigt man vier Kräfte, deren Richtungen bekannt sind, zusätzlich muss mindestens die Größe einer dieser Kräfte bekannt sein.

künstliche technische Systeme durchaus komplexer Form und Gestalt. Das Gemeinsame dieser Verfahren, und zwar unabhängig davon, ob auf biologische oder technische Bezüge angewendet, sind die auf so genannte Kraftgrößen basierende Methoden, in deren Kern von einer Beaufschlagung durch eine Kraft und einer orthodoxen Systemantwort, einer Bewegung, einer Verformung, einer Verschiebung, einer Verzerrung oder einer wie auch immer gearteten Deformation. Und die Systemantwort der (biologischen) Form ist eine Eigenschaft des beaufschlagten Körpers „an sich". Diese Prämisse der Arbeiten D'Arcy Thompsons sollte zu der damaligen Zeit keinerlei Erstaunen ausgelöst haben. Umso mehr jene seltsame Suggestion, die die Skizzen Thompsons beim Betrachter hinterlassen; damals wie heute. Die Zeichnungen im Kapitel „THEORIE OF TRANSFORMATION" handeln von verformten Dingen, durch eine begitterte Ebene (einem Raum) unterlegt auf der (in dem) sich die Gestaltänderung abspielt oder im wahrsten Sinne „vollzieht". Genau deshalb weiß der Betrachter unmittelbar, was D'Arcy Thompson meint:

„Mit der Ebene verhält sich die Form".

Dieser Satz Thompsons ist durchaus beeindruckend; er tauscht Subjekt und Objekt aus. Wie mit dem elastischen Subjekt (der Ebene, dem Raum), einem Gummiteppich vergleichbar verbunden, verformt sich das betrachtete Objekt (die Form) vor den Augen des Lesers. Und nun das Mirakel: D'Arcy Thompson zeigt das verformte Objekt, aber der Betrachter sieht (nur) den subjektiven, die Gestalt erzeugenden Prozess. Eine perfekte und wissenschaftsdidaktisch raffinierte Darbietung. War sich der ehrwürdige Wissenschaftler D'Arcy Wentworth Thompson der suggestiven Kraft seiner Skizzen und ihrer psychologischen Finesse bewusst? Trickst er, oder ist er ein braver Bursche? Ganz anders wir scheinbar modernen Menschen heute und vor zwanzig Jahren in der Hochphase der Chaostheorie. In unzähligen Veröffentlichungen durfte das weltberühmte Bildchen Thompsons Transformation eines Fischs keinesfalls fehlen. Die Darstellungen D'Arcy Thompson, durchaus befürchtend, dass dies alles mathematisch nicht funktioniert, werden achtzig Jahre nach ihrem Erscheinen dem staunenden, durchweg jungem Publikum ungeniert an die Leinwand projeziert. Wie wunderbar. Die zu einem deformierten Objekt erstarrte Gestalt ist ganz offensichtlich eine „Eigenschaft" der Fläche (des

Raumes). Wie durch einen Einfrierprozess wird die im Deformationsvorgang wirksame Nachgiebigkeit der Struktur in ihrer endgültigen Zielform auf der Gestalt gebenden Ebene (dem gestaltenden Raum) fixiert. Eine nach den Regeln dieser gekrümmten Ebene (des Raumes) plastifizierte Gestalt bleibt als (Form-) Ergebnis der Trans-Formation zurück. Es ist genau diese „Transformation of the grid", wie wir heute vielleicht sagen würden, der „Deformationsvorgang eines Gitters", der sich in meinem Kopf vollzieht. Ohne dass er tatsächlich existiert, füge ich hinzu. Nicht die Materialeigenschaften des formhaltigen Objekts, sondern die Ebene selbst (der Raum) leistet die subjektive Deformation des Dings, so die Suggestion: die Koordinaten der Dinge verhalten sich „inertial" zu der gestaltenden Ebene (zum Raum) D'Arcy Thompsons. Dass ich mir den Spaß erlaube, die ebenen Darstellungen Thompsons gleichsam räumlich zu denken, geschieht nicht ohne Hintergedanken. Einerseits machten in den vergangenen hundert Jahren die Kritiker D'Arcy Thompsons ihre Bedenken gerne an der  Zweidimensionalität seiner Argumentation in „THEORIE OF TRANSFORMATION" fest, andererseits  jährt sich im nächste Jahr eine andere mit Krümmungen befasste Theorie zum hundertsten Male. Ohne auch nur im Geringsten auf die Relativitätstheorie Einsteins eingehen zu wollen, sie wurde 1918 veröffentlicht, ist es zumindest amüsant, dass die Verformung der Gestalt erzeugenden Ebene D'Arcy Thompsons und die Form und Bewegung fordernde Krümmung des Raumes in der Theorie Einsteins zeitlich zusammenfallen. Dies mag Zufall sein, hält mich aber nicht davon ab zu fabulieren, wie schwer es einem (ja, bitte meinetwegen auch einfältigen) Normalmenschen, also mir, fällt, sich die auf Gestalt und Zeit gleichermaßen verformende, gestaltgebende Eigenschaft eines nunmehr gekrümmten Raumes Einsteins, (einer gekrümmten Ebene Thompsons) vorzustellen.

Raum (Ebene in D'Arcy Thompsons THEORIE OF TRANSFORMATION) zeigt sich als Anordnung von Dingen, deren Abstände zueinander, sowie in gegenseitigen Bewegungen. In unserer greifbaren Welt gelingen Aussagen über Abstände, Verformungen und Bewegungen von Objekten, gleich ob artifizieller, technischer oder biologischer Natur, mit den Mitteln der Geometrie, speziell der Metrik. Eine auf von uns Menschen wahrnehmbare Anordnung von Objekten abzielende Metrik wurde von Euklid um 320 vor Chr. entwickelt. Die Lehrsätze Euklids sind in seiner Schrift „Die Elemente" zusammengefasst und heute Schulstoff. Einer Metrik erfahrbarer Dinge elementar ist beispielsweise, dass die Winkelsumme eines Dreiecks immer 180 Grad beträgt! Befindet sich ein Geo-Dreieck (was für ein schrecklicher Begriff, an einen weißen Schimmel erinnernd) in meiner unmittelbaren Umgebung, etwa auf meinem Schreibtisch, ist die euklid'sche Metrik eine der Sinnfälligsten. Vermessen wir aber die Welt oder navigieren wir auf dem Meer, schleichen sich dem Nichtnautiger Befürchtungen an, deren Auflösung gerne beim Apfelsinenschälen dem staunenden Enkelsohn als gesicherte Weisheit präsentiert wird; es ist ja bald Weihnachten. In einem nichteuklidischen Raum wird die Winkelsumme eines Dreiecks von 180 Grad verschieden sein und der Umfang eines Kreises nicht $U=2\pi R$. Nichteuklidische Räume waren die Lösung für Einsteins Problem eines gekrümmten (vierdimensionalen) Raum-Zeit-Kontinuums. Schon zu Beginn des 19ten Jahrhunderts befassten sich zahlreiche Mathematiker mit dem Problem der nicht-euklidischen Geometrie. Friedrich Gauß entwickelte um 1810 Methoden zur Beschreibung gekrümmter Oberflächen, veröffentlichte seine Arbeiten allerdings nicht.

Später war die Idee, dass die verformte, gekrümmte Bahn eines Lichtstrahls, die von Einstein denkbar und vor hundert Jahren gerade auch nachweisbar war, nicht eine Eigenschaft von Kräften im Sinne Newtons sei, sondern eine Eigenschaft des eben dieserart gekrümmten Raumes. Der Lichtstrahl folgt lediglich der Biegung des (nunmehr als gekrümmt angenommenen) Raumes. Uns soll an dieser Stelle (natürlich) nicht die komplexe Physik der Einstein'schen Theorie interessieren, sondern eher das Kalkül der Semantik. Geometrie und Bewegung in Einsteins Argumentation ist nicht mehr (nur) eine Eigenschaft des bewegten und vermessbaren Objekts, Licht in diesem Fall, sondern und dies sehr wohl im Unterschied zu der herrschenden, uns intuitiv vertrauten Mechanik Newtons, eine Eigenschaft des gekrümmten Raumes, respektive der gekrümmten Ebene in D'Arcy Thompsons Argumentation. Die Strategie der Thompson-schen Rede und seiner Skizzen legen dem Betrachter dieses wunderbaren einhundert Jahre alten Buches nahe, dass Bewegung und Gestaltentstehung, oder um es mit D'Arcy Thompsons Worten zu sagen „Wachstum und Form", als eine Eigenschaft des Raumes (Einstein), beziehungsweise der Ebene (Thompson) beschrieben werden kann und soll. Interessanterweise heften sich in den folgenden einhundert Jahren nach Erscheinen von ON GROTH AND FORM die Kritiker genau daran an, dass die Verformung dreidimensionaler Dinge durch die von D'Arcy

Thompsons vorgeschlagenen Verfahren beschrieben werden können oder eben genau nicht werden können und - um dem Buch einen modernen praktischen Sinn abzuringen -  nunmehr Algorithmen zur Verfügung stehen sollen, die eine verwertbare Methode für die Lösung anderer, vielleicht technischer Transformationsaufgaben betreffen. In ihren Augen hätte Thompson liefern sollen; tat es aber nicht!

Dabei ist das doch eigentlich das geringere Problem.  Für das Ansinnen, die Skizzen des D'Arcy Thompson zu verstehen, ist es immanent wichtig zu erkennen, dass Bewegungen auf nichteuklidischen Geometrien, etwa einer Ortsbestimmung auf der Erdoberfläche oder der Beschreibung der Wanderung einer Ameise auf einer Apfelsine, alleine durch Gedanken-experimente von der Mechanik Newtons entkoppelt werden können. Mehr noch, das Verformungsgebaren eines Dings, kann und soll fortan über die Krümmung des Raumes respektive der Krümmung der Ebene D'Arcy Thompsons im Sinne eines „Erzeugendensystems" bedingt angesehen werden und in einer besonderen Metrik beschreibbar sein.

Nicht jeder Leser möchte auch gestalten. Aus der Sicht eines Naturwis-senschaftlers ist, bei allem Respekt und unter Einberaum der Grobheit meiner Rede, das Problem damit vollständig erledigt;  the job is done. Kennt man den Raum (die Ebene D'Arcy Thompsons) werden Verfor-mungen, Bewegungen, Kräfte abzählbar, gar berechen-, und ermittelbar, erscheinen nunmehr als „bedingt". Thompson suggeriert, dass wir das Verformungsgebaren eines Dings, also seine „Verformungs-bedingungen" herleiten können aus der Kenntnis über den Raum, der Ebene. Wir brauchen nur das karthesische Koordinatensystem Newtons in ein gekrümmtes Koordinatensystem (DARCY) zu überführen, es zu „transformieren" und (wusch! möchte man sagen) leiten wir sodann die Verformung der Dinge her. Vor unseren Augen. Wie einfach! Dies letztendlich ist das „Transformationsversprechen des D'Arcy Thompson".

Aber geht es uns hier tatsächlich um die Beschreibung oder schlechter-dings der mit physikalischen Größen belegten Determinierung beobachte-ter Phänomene? Dreht sich unser Bemühen um die Beschreibung der Natur, so komplex sie auch sei? Leider nein. Die Entschlüsselung der Skizzen D'Arcy Thompsons zielt auf Synthese. Wir selbst sind es, die eine Ebene (einen Raum) im Sinne eines Erzeugendensystems anzufachen suchen, mit dem Ziel, Artifizielles zu gestalten. Was für ein Anspruch! Wenn wir doch ein Verfahren in den Händen hielten, das einen Raum, eine Ebene beliebig zu verformen und zu krümmen vermag, eine Methode, die das Transformationsversprechen des D'Arcy Thompson einlöst, wären wir in der Position zu beobachten, wie das Ding seine Form, seine äußere Gestalt, ja sogar sein inneres Milieu ändert, alleine unter den Prämissen des „gestaltenden" Raumes. Oder im zweidimensionalen Fall D'Arcy Thompsons, der „Form erzeugenden" Ebene. Gehen wir mit diesem Gedanken noch einen Schritt weiter. Das Problem, nein die Aufgabe lautet nun: Finde den Raum, finde die Ebene, die dies oder das generiert, zwangsläufig verformt, die Dinge in einem glücklichen Fall, klug gestaltet und löse somit das Transformationsversprechen ein.

Nennen wir sie DARCY. Eine Methode, die die Idee Thompsons der auf eine „gekrümmte Ebene subjektivierten Betrachtung" in einen Algorithmus umsetzt, muss wenigstens die Grundmechanismen der affinen Abbildung beinhalten: Skalierung, Verschiebung und Drehung. Das Konzept der aus dem Schulunterricht bekannten, affinen Abbildung liefert nach einer Separation der Lösungen ein zweidimensionales Gleichungssystem mit gemischten Termen. Mit einem um Rotation erweiterten binominalen Ansatz für die transformierten Koordinaten $[x_t \quad y_t]$ einer Ebene erhält man:

$$x_t = a_0 + a_1 x + a_2 x^2 + a_3 xy + a_4 y^2 + a_5 \sin( a_6 )$$
$$y_t = b_0 + b_1 y + b_2 y^2 + b_3 yx + b_4 x^2 + b_5 \sin( b_6 )$$

In einem glücklichen Fall wäre die gute Nachricht, dass der vorgeschlagene Ansatz alle Orte auf der nunmehr gekrümmten Ebene klärt und ein beliebiges Ding darauf abbildet. Jedem zweidimensionalen Koordinaten-Dupel $[x \ y]$ der unverformten Struktur kann in ihrer „Deformierten" eine transformierte Koordinate $[x_t \ y_t]$ zugewiesen werden, sofern die die Transformationsvorschrift quantifizierenden Parameter bekannt sind. Und genau das ist die Kehrseite der Medaille, denn die Koeffizienten $a_n$, $b_n$, kennen wir nicht. Außerdem gilt die Regel dass eine Formel, die sich Lösungsansätzen der linearen Algebra entzieht, nicht und insbesondere von Nichtmathematikern nicht leichtfertig gewählt werden darf. Denn für nichtlineare Gleichungssysteme dieser Art Transformationsvorschrift gibt es keine allgemeingültigen Lösungsstrategien oder Verfahren um deren Parameter, die 2n unbekannten Koeffizienten $a_n$, $b_n$, zu quantifizieren. Ein freundlicher Hinweis zur Lösung von Gleichungssystemen besagt aussertdem, dass die Anzahl der Gleichungen der Zahl der Unbekannten gleich oder größer sein soll. Aber das hilft in unserem Fall nicht wirklich weiter. Wie also klarkommen? Gerade für technische Fragestellungen ist bekannt, dass eine mathematische Aufgabe auch unglücklich formuliert sein kann. In dieser Laiensituation befinden sich Ingenieure, Designer und Techniker so häufig wie ungerne. Wohlgestellte mathematische Probleme besitzen (1) eine Lösung (Existenz), diese Lösung kann (2) eindeutig bestimmt werden (Eindeutigkeit) und die Lösung hängt (3) stetig von den Eingangsdaten ab (Stabilität). Man hat (eigentlich nur) die Möglichkeit, näherungsweise Lösungen mit der Hilfe numerischer Verfahren zu ermitteln, im eigentlichen Sinne. In der ersten Linie potentieller Lösungs-methoden steht das Newton-Raphson-Verfahren[5]. Um ein Problem nume-risch behandeln zu können, muss dieses zunächst als ein mathematisches Modell formuliert werden. Wir wissen es nicht, aber vermuten, dass eine Lösung des Thompson'schen Transformation existiert (1). Ob diese Determination der Transformationsparameter eindeutig (2) ist, bleibt zunächst unbekannt. Dass die Transformation kausal sei, also bei kleinen Änderungen der Eingangsfunktion auch ihre Transformierte nur gering variiert (3), fordern wir streng von einem potentiellen mathematischen Modell. MathematikerInnen werden darauf bestehen, dass wir (ihnen) mit mathematischen Methoden nachweisen, dass die Mindestanforderungen, also die Bedingungen 1 bis 3, erfüllt sind. Auf so hübsche (regularische) Dinge, wie einer „Ränderung[6] der Rezeptur des Transformations-Gleichungssystems" werden sie sich nicht einmal in erster Näherung! einlassen. Daran besteht kein Zweifel.

Was also können Nichtmathematiker tun?, gibt es einen Ausweg?, werden wir noch rechtzeitig (heute ist Dienstag der 19. Dezember 2017) zu einem

---

[5] Das Newton-Raphson-Verfahren, (benannt nach Sir Isaac Newton 1669 und Joseph Raphson 1690) ist ein Standardverfahren zur numerischen Lösung von nichtlinearen Gleichungen. Die grundlegende Idee ist, die Funktion in einem Ausgangspunkt zu linearisieren, d. h. ihre Tangente zu bestimmen und die Nullstelle der Tangente als verbesserte Näherung der Nullstelle der Funktion zu verwenden. Die erhaltene Näherung dient als Ausgangspunkt für einen weiteren Verbesserungsschritt (Iterationsverfahren).

[6] Als Ränderung (engl.: Bordering Method) bezeichnet man numerische Verfahren zur Verbesserung der Lösungseigenschaften linearer Gleichungssysteme. Einem (linearem) Gleichungssystem $Ax=b$ mit schlecht konditionierter Systemmatrix $A \in \underline{R}^{mxn}$ kann man durch Hinzufügen von Zeilen und Spalten A ein erweitertes (lineares) Gleichungssystem zuordnen (geränderte Matrix).

Toast auf D'Arcy Wentworth Thompsons einhundertjähriges "ON GROTH AND FORM" anheben? Unsere Chancen stehen natürlich schlecht. Natürlich.

Denn auch aus den Natürwissenschaften können wir keinerlei Milde erwarten, der oben genannten Gründe wegen; zielen unsere Bemühungen doch auf Synthese und nicht (alleine) auf die vollständige Beschreibung der Thomson'schen Transformationenwelt. Nicht einmal ein Verweis auf die Informatik vom Stand der Wissenschaft und Technik vermag die 2n Parameter der DARCY-Transformation ad hoc zu quantifizieren mit dem Ziel, eine beliebig deformierte Koordinateneben für zukünftige Verschiebungen, Verzerrungen und Skalierungen zu konditionieren. Obwohl. Dieser Tage, um genau zu sein gestern, erscheint die aktuelle Ausgabe der *Spektrum der Wissenschaft*[7], der deutschsprachigen Ausgabe der *Scientific American*, mit einem bemerkenswerten Artikel über den „Sieg der künstlichen Intelligenz". Dort heißt es: *(1) Neuronale Netze extrahieren aus einer großen Menge von Daten − zum Beispiel Bildern − charakteristische Eigenschaften durch einen Lernprozess. (2) Dank riesiger verfügbarer Datenmengen und der durch Grafikprozessoren massiv angestiegenen Rechenleistung haben sie in letzter Zeit einen ungeahnten Aufschwung genommen. (3) Mittlerweile erzielen sie Erfolge nicht nur in Bildverarbeitung und Datenanalyse, sondern auch bei wissenschaftlichen Fragen, zum Beispiel bei Simulationen in der Quantenchemie und der Strömungsdynamik.*

Na also! Sind die Transformationen des D'Arcy Wentworth Thompson einfach! nur ein profanes Bildverarbeitungsproblem? Ein mathematisches Modell und numerische Aufgabe, die als bearbeitet und gelöst eingestuft werden darf? Jedes EiFon kann das!

Leider nein. Denn auch hier, ähnlich der naturwissenschaftlichen Herangehensweise steht bei den Informatikern die Datenanalyse im Vordergrund rezenter Bemühungen. Sind die Merkmale der mit Neuronalen Netzen bearbeiteten „Bilder" erst einmal bekannt und anhand dieser Beschreibung „Worte" gefunden und zugeordnet, wie es die künstlichen

---

[7] http://www.spektrum.de/magazin/revolutionieren-neuronale-netze-die-wissenschaft/1520773
Revolution für die Wissenschaft? Ein Konzept aus den 1980er Jahren nimmt durch neue Entwicklungen in der Computer-Hardware einen kometenhaften Aufschwung. Vielschichtige, "tiefe" neuronale Netze revolutionieren nicht nur die Bilderkennung und die Datenanalyse, sondern gewinnen inzwischen auch wissenschaftliche Erkenntnisse.

neuronalen Netze vom Stand der Wissenschaft leisten, ist auch deren Job getan. Es geht dort um Analyse und Vergleich. Es werden ja keine Bilder, keine neuen Gesichter etwa, generiert. Immerhin verweist der Begriff „Neuronale Netze" auf ein Verfahren nach dem Vorbild der belebten Natur und damit auf generische Szenarien und auf Handlungsräume, in denen synthetisiert werden darf!

An dieser Stelle ist es angemessen, an meinen lieben Freund und ehemaligen Kollegen Reinhard zu erinnern, den wir im vergangenen Jahr und viel zu früh zu Grabe trugen. Reinhard Lohmann dürfte als einer der Erfinder der adaptiven neuronalen Netze gelten und es entsprach seinem Wesen, außer mit seiner Dissertation kaum mit Publikationen an die Öffentlichkeit getreten zu sein. In einem Forschungsbericht an das Fachgebiet Bionik und Evolutionstechnik der Technischen Universität Berlin aus den 80er Jahren mit dem Titel „Selforganization by Evolution Strategy in Visual Systems[8]" schreibt Reinhard: *Pattern recognition usually distinguishes two fields in its systems, feature detection and classification . … Within the system of parallel distributed pattern recognition being developed at the Department for Bionics and Evolution Techniques a certain feature is given by a local filter which is described by its structure and by some parameters contained in the structure. …. The locally detected signals are added and the result is a global value of that particular feature. If the structure of the local filter is well defined there will be no problems with the determination of parameters by applying evolution strategy. ….. In this paper, however, we will show how the structure of a local filter can be developed by mean filter, treated as an example, is counting the coherent areas in binary pictures. …. The method of self-organisation by means of evolution strategy has been quite successful in this first experiment which was meant to consolidate the procedure. After this application in the field of feature detectors in visual systems we planned to develop neuronal networks by self-organisation, networks which will have to solve classification problems.*

Später dann, in den 90er Jahren etablierte sich Reinhard Lohmanns evolutive Adaption als eines der erfolgreichen Backpropagation-Verfahren zum Trainieren künstlicher neuronaler Netze. Reinhard ich weiß, was Du zu der "Revolution für die Wissenschaft" gesagt hättest und dann, nach

---

[8] https://link.springer.com/content/pdf/10.1007%2F3-540-55027-5_29.pdf

einem weiteren fröhlichen Becher Pulverkaffee auf meine Frage, in welcher Weise ich mit der DARCY-Transformation weiterkomme, rheinisch geantwortet: Schreib mal auf: „Selforganization by Evolution Strategy in nonlinear Transformations" und dann tu das einfach.


Eine auf Kraftgrößen basierende Transformation


Die Frage ist weniger, ob die Koeffizienten $a_n$, $b_n$ einer Konditionierung auf ein zweidimensionales geometrisches Zielproblem mit 2n Unbekannten zugänglich sind, sondern zu welchem Preis. Fassen wir noch einmal den Hinweis D'Arcy Wentworth Thompsons an, dass seine THEORIE OF TRANSFORMATION auf Kraftgrößen basieren mag. Läge es nicht auf der Hand, eingedenk der heutigen Rechenleistung moderner Computer und der Verfügbarkeit finiter Methoden, eine beliebig elastische, gegebenenfalls plastifizierbare, gekrümmte Ebene in infinitisimal kleinen aber abzählbar endlichen Teilgebieten zu formulieren, in Elementen die, anders als der hier vorgeschlagene Transformationsansatz, physikalische Wahrheiten in Gestalt von Materialeigenschaften repräsentieren? In finiten Methoden gehen für ein (Balken-) Element in einer dieserart elastisch gedachten Ebene in die sogenannte Elementsteifigkeitsmatrix die Länge des Elementes, dessen Querschnitts-Eigenschaften (Querschnittsfläche, Biege-Trägheitsmomente) und die Materialdaten ein. Die Elementsteifigkeitsmatrix für ein Balken-Element mit nur 2 Knoten und den jeweils 6 Freiheitsgraden ux, uy, uz und rotx, roty, rotz enthält somit immerhin 12 x 12 Zahlenwerte. Diese werden in der Vorbereitung der Lösung innerhalb des einzelnen finiten Elementes in die Gesamtsteifigkeitsmatrix eines Biegebalkens eingefügt[9]. Mehrere dieser Biegebalken ließen sich zu einer Balkenschar raportieren; eine Art physikalische Wirklichkeiten repräsentierender Lattenrost entstünde. Aufwändig, aber machbar. Wie gesagt, sind derart mächtige Konstrukte mit rezenten Technologien in vertretbarer Berechnungszeit lösbar.

Betrachten wir nun denjenigen Anteil (die Untermatrix [K]$_e$) der Elementsteifigkeitsmatrix des Balkenelements, der die Biegung quer zur ElementLängsrichtung

$$[K]_e = \frac{EI_x}{L^3} \begin{bmatrix} 12 & 6L & -12 & 6L \\ 6L & 4L^2 & -6L & 2L^2 \\ -12 & -6L & 12 & -6L \\ 6L & 2L^2 & -6L & 4L^2 \end{bmatrix}$$

---

[9] Siehe hierzu auch: http://www.cae-wiki.info/wikiplus/index.php/Balken-Element

enthält (mit dem Elastizitätsmodul E, dem Flächenträgheitsmoment $I_z$ und der Länge des Elements L), fällt uns sofort die Ähnlichkeit zu einer überaus eleganten Beschreibung physikalischer Wirklichkeiten ins Auge: der famose „Satz des Castigliano".

*Die Ableitung der in einem Körper gespeicherten Formänderungsenergie nach der äußeren Kraft, ergibt die Verschiebung des Kraftangriffspunktes in Richtung dieser Kraft.*

Carlo Alberto Castigliano beschäftigte sich mit der Elastizitätstheorie und mit Energieprinzipien, bis er als noch sehr junger Mann starb. Der Satz von Castigliano[10] besagt, dass ein geschlossener oder zumindest geschlossen darstellbarer, kausaler Zusammenhang zwischen einer Belastungssituation an einem Bauteil und der daraus resultierenden Verformung existiert. Dieser (mechanisch-) orthodoxe Wirkzusammenhang wird über die Energie, welche die Form des Bauteils zu ändern vermag und während der Verformung in seinem Innern gespeichert ist, motiviert. Oder vereinfacht gesagt: Die Verformung rührt von der Belastung her! Ein typischer Kraftgrößenansatz; im Sinne des D'Arcy Wentworth Thompson. Vielleicht.
Bei Belastung mit einer Kraft F verformt sich der Balken. Manchmal ist die Belastung über die Balkenlänge verteilt: q(y). Abhängig vom Material (E-Modul) und der Art des Balkenquerschnitts (axiales Flächenmoment) unterscheiden sich die Verformungen eines Bauteils unter einer bestimmten Belastung, weisen aber ein gemeinsames Grundmuster auf.
In einem Gedankenexperiment betrachten wir die Verformung nun über die Koordinate y; es sei eine freundlich geneigte Kurve w(y) anzunehmen. Ganz unten (y=0) ist der Neigungswinkel $\alpha$ bei dieser Art der Einspannung Null. Ganz oben (y=L) ist die Verformung am größten, ganz profan. Wir kennen das von vor dem morgendlichen Zähneputzen, wenn wir prüfen, ob die die Bürste sich noch biegt.
Der Neigungswinkel $\alpha$ ist leicht zu berechnen. Wir erinnern uns an die Tangens-Funktion, also die Änderung der Kurve w an einer Stelle des Weges y. Wir betrachten dies stückweise, also $\Delta w$ und $\Delta y$, bzw. in differentiell kleinen Schritten dw und dy und schreiben auf: $\tan(\alpha)=dw/dy$.

---

[10] **Carlo Alberto Castigliano**, italienischer Mathematiker und Physiker stirbt 1884 mit erst 36 Jahren. Erst in Terni, später in Turin befasste er sich mit Stabilitätsproblemen in der Technischen Mechanik, mit der Elastizitätstheorie und Energieprinzipien. In seinen Schriften „Sistemi Elastici" erscheint ein Theorem, das heute nach ihm genannt wird.

Mathematisch gesehen ist das der Gradient oder die Ableitung der Verformungskurve, also w' (sprich: weh-Strisch). Der Neigungswinkel ist die Änderung der Verformung w.

$$\tan(\alpha) = w(y)' \qquad \text{1. Ableitung}$$

Der Verlauf des (Biege-) Momentes Mz um eine senkreche z-Achse ist proportional der Änderung des Neigungswinkels, also die Änderung der Änderung der Verformung

$$My(x) = \kappa \; w(y)'' \qquad \text{2. Ableitung}$$

Der Verlauf der Querkraft Q ist proportional der Änderung der Änderung der Änderung der Verformung

$$Q(x) = \kappa \; w(y)''' \qquad \text{3. Ableitung}$$

Die Last, bzw. Lastverteilung auf dem Balken q(x) ist der Änderung der Änderung der Änderung der Änderung der Verformung proportional:

$$q(x) = \kappa \; w(y)'''' \qquad \text{4. Ableitung}$$

Der Proportionalitätsfaktor koppelt den Term an Form- und Material-eigenschaften:  $\kappa = -E \, I_z$ in unserem Gedankenexperiment.

Zurück in die Wirklichkeit. Und ich füge hinzu: in die physikalische Wechselwirklichkeit. In der Technischen Mechanik lässt sich für einen idealisierten Biegebalken eine Beziehung zwischen der Beaufschlagung des Bauteils und seiner Körperdeformation leicht entwickeln und quantifizieren. Wir betrachten hierzu die Differentialgleichung der elastischen Linie. Mit der Querschnittsfläche $A = t \cdot d$ eines senkrecht in der xy-Ebene gehaltenen Balkens und dem axialen Flächenträgheitsmoment 2. Ordnung: $I_z = I_z(y) = t(y) \cdot d^3/12$  erhalten wir aus der „Elastischen Theorie" die Gleichung für die Biegelinie des ebenen Balkens. In "ON GROTH AND FORM" wird gelegentlich auf die elastische Theorie verwiesen, so dass wir davon ausgehen wollen, dass  D'Arcy Wentworth Thompson mit ihrem Umgang vertraut war. Die Gleichungen der Biegelinien für die unter-schiedlichsten Belastungsfälle sind in Tabellen geordnet in der einschlä-gigen Literatur verfügbar. Für einen kragenden Balken mit der Streckenlast q(y) findet man nach zweimaliger Integration der Biegedif-ferentialgleichung und nach Einsetzen der Randbedingungen die bekannte Gleichung für die Biegelinie.

$$2 \cdot E \cdot I_z(y) \cdot w(y) = (q(y) \cdot L^4) \cdot \left[ (1/2) \cdot (y/L)^2 - (1/3) \cdot (y/L)^3 + (1/12) \cdot (y/L)^4 \right]$$

Die Biegeverformung  w = w(y) kann mit dieser Gleichung für jedes y berechnet werden, sofern die Streckenlast q(y) an diesem Ort bekannt ist. Die Streckenlast q(y) sei eine über den Balken verteilte Kraft in Richtung der Balkenstreckung (hier: y-Koordinate) der Dimension[Nm-1]: q(y). Für unsere Streckenlast würde das in diesem Fall bedeuten: An einer Stelle k fänden wir eine Belastung  $q(y_k) = Q_k/dy_k$  vor. Um das Verfahren etwas zu vereinfachen sei die Streckenlast als Konstant angenommen: q(x) = const. Das gilt dann für jeden Querschnitt von y=0 an der Balkenwurzel bis  y=L am Balkenende. Damit vereinfacht sich die Integration der Balkenbelastung zu: q(y=L)=Q/L. Interessiert uns zur Kontrolle die maximale Auslenkung an der Balkenspitze (also für den Fall, dass die Stelle y=L betrachtet wird), vereinfacht sich die Biegegleichung:

$$8 \cdot E \cdot I_z \cdot w(y=L) = (q(y) \cdot L^4)$$

In der Gleichung um die Biegeverformung w steckt immer noch die von der y-Koordinate abhängige Streckenlast q(y) = Q(y) /dy [Nm-1]; mit q(L) = Q /L. Daher vereinfacht sich die Gleichung noch einmal:

$$8 \cdot E \cdot I_z \cdot w(L) = Q \cdot L^3$$

Soll das Berechnungsergebnis die Biegeverformung w(L) sein, stellen wir die Gleichung um auf eine max. Verformung: $w(L) = (Q \cdot L^3)/8 \cdot E \cdot I_z$ [mm].

Für dieses sehr einfache Beispiel einer auf Kräfte zurückführbaren Deformation eines Balkens sollte eine Umkehrung der Betrachtungsweise gelingen. Wir spielen es in Gedanken noch einmal durch: Die Krümmung einer elastischen Linie, stellvertretend für einen materiellen Balken sei nicht länger eine Eigenschaft von Kräften im Sinne Newtons, sondern eine Eigenschaft der eben dieserart gekrümmten Ebene. Die Linie, sie sei ein Merkmale tragendes Ding, folgt lediglich der Biegung des (nunmehr als gekrümmt angenommenen) Raumes. Die Merkmale eines zur Deformation anstehenden Dings sind keineswegs willkürlich ausgewählt aber im Deformationsprozess nunmehr lediglich eine Metapher der Gestalt. Eine Ersatzform des Dings. Erstaunlicherweise wird gerade die Nichtwillkürlichkeit der Merkmalsauswahl zu einem Problem. Wir überlassen die Entscheidung, ob eine Kontur, eine neutrale Linie, eine Symmetrieachse zum Merkmal des Dings, des Bauteils, des Wesens oder seinem Skelett wird, nicht dem Algorithmus, sondern dem Betrachter respektive dem Bediener der Transformation. Er soll die Rand- und Anfangsbedingungen der Kampagne klären. Diese Aufgabe ist umso anspruchsvoller, je größer die Menagerie potentieller, zur Transformation anstehender Dinge ist. Andererseits bestand nicht der Anspruch und die Absicht, das Transformationswesen zu revolutionieren, sondern lediglich das „Transformationsversprechen des D'Arcy Thompson" zunächst einmal exemplarisch einzulösen.

Thompson suggeriert uns, dass wir das Verformungsgebaren eines Dings, also seine „Verformungsbedingungen" herleiten können aus der Kenntnis über den Raum oder der Ebene. Wir werden also anschließend das karthesische Koordinatensystem Castiglianos in das gekrümmte Koordinatensystem D'Arcy Thompsons überführen, es „transformieren" (DARCY-Transformation) und am Beispiel eines Biegebalkens prinzipiell die Verformung der „Dinge" herleiten.

Als Zielfunktion diene das Berechnungsergebnis zur elastischen Theorie der elastischen Linie. Betrachten wir noch einmal die Biegedifferentialgleichung für einen idealisierten Balken und erhalten nach Einsetzen der Randbedingungen die bekannte Gleichung für die Biegelinie:

$$2 \cdot E \cdot I_z(y) \cdot w(y) = (q(y) \cdot L^4) \cdot [\, (1/2) \cdot (y/L)^2 - (1/3) \cdot (y/L)^3 + (1/12) \cdot (y/L)^4 \,]$$

Für unser Transformationsexperiment sei die Streckenlast $q(y) = Q(y)/dy$ mit der Einheit $[Nm^{-1}]$ konstant angenommen mit $q = Q/L$, so dass in der Gleichung der Biegelinie nur die Querkraft als (Kraft-) Größe erscheint. Ich werde später zeigen, dass die Transformation DARCY mit generalisierten Koordinaten stabil arbeitet und universell taugt. Orte $P(x,y)$ der karthesischen Ebene K der Motive und die Punkte $P_t(x_t,y_t)$ der gekrümmten Ebene T der Transformierten nehmen im Fall generalisierter Koordinaten nur Zahlenwerte zwischen Null und eins, also $\{P(x,y)\ 0<x<1; 0<y<1\}$ und $\{P_t(x_t,y_t)\ 0<x_t<1; 0<y_t<1\}$ an. Damit wird auch die charakteristische Länge in der Biegedifferentialgleichung L=1 generalisiert. Manche Autoren generalisieren auch die Querschnittsgeometrie, es läst sich aber zeigen, dass dies in unserem Fall überhaupt nicht notwendig ist, denn die Querschnittsfläche des senkrecht in der xy-Ebene stehenden Balkens sei konstant über die Länge des Balkens, also $A=t \cdot d=$const. und das axialen Flächenträgheitsmoment 2.Ordnung gegeben mit: $I_z=t \cdot d^3/12$, keine Funktion der vertikalen Koordinate y, so dass eine Proportionalitätskonstante $\kappa = Q/2 \cdot E \cdot I_z$ die Gleichung der Biegelinie weiter vereinfacht, wie bereits in der sehr eleganten Formulierung des Satzes von Castigliano zu sehen war. Für die horizontale Deformation w(y) folgt:

$$w(y) = \kappa \cdot [\,(1/2) \cdot y^2 - (1/3) \cdot y^3 + (1/12) \cdot y^4\,] \quad \text{mit} \quad \kappa = Q/2 \cdot E \cdot I_z$$

Das ist die Gleichung der Biegelinie eines am Boden fest eingespannten prismatischen Balkens konstanten Querschnitts, in generalisierten Koordinaten. Die Kraftgröße wird repräsentiert durch die konstante Streckenlast (respektive Querkraft Q) und ist mit einem statischen Druck vergleichbar. Die Materialeigenschaften des homogenen Bauteils werden durch das Elastizitätsmodul E beschrieben. Durch die Beaufschlagung erfährt der Balken eine Deformation, die nun ermittelt werden kann. Das Beaufschlagungs-Verformungs-Verhalten des Bauteils sei mechanisch orthodox. Die Intesität der Druckbeaufschlagung und die Geometrie des Balkenquerschnitts ist beliebig und für unser Gedankenexperiment ohne Belang, die maximale Auslenkung am Balkenende w(L) = 14 [pph] in unserem Beispiel lediglich ein Zahlenwert, welcher der (willkürlichen) Wahl der geometrischen Größen und der Kraftgröße geschuldet sei. Viel wichtiger ist der Strak[11] der elastischen Linie, der charakteristische Verlauf der Krümmungskurve des Balkens unter Last. Der als Strak benannte Charakter einer Linie wird im Designbereich gerne mit dem (ein wenig unglücklichen) Begriff der „Spannung einer Kurve" belegt, impliziert Eingangs- und Ausgangstangenten (lead-In, lead-Out) der Balkenseele an den Kurvenenden, hat nichts mit dem aus der Technischen Mechanik bekannten Spannungszustand im Innern der Struktur zu tun und ist unabhängig davon, ob wir in generalisierten Koordinaten arbeiten oder das Bauteil eine „natürliche" Abmessung besitzt.

In der Euler'schen Betrachtungsweise besitzen wir ein ortsfestes Koordinatensystem. Alles was wir sehen oder messen können, erscheint uns in einer karthesischen, durch rechte Winkel gekennzeichneten Parallelen- und Senkrechtenwelt geordnet. Es ist eine Welt, in der wir uns mühelos

---

[11] Das **Strak** ist eine an die darstellende Geometrie angelehnte zeichnerische Darstellungsart, die etwa im Schiffbau, angewandt wird. Der Name leitet sich aus dem englischen Wort „strake" ab, das einen durchgehend verlaufenden Plattengang beschreibt. Eine Definition des Straks könnte lauten: Das designmäßige Finden einer aerodynamischen Form, z. B. eines Rumpfes oder einer Tragfläche, wenn vom Volumen nur einige ebene, senkrechte, parallele Querschnitte gegeben sind.

zurechtfinden. Dennoch muss man eingestehen, dass wir uns durchaus nicht immer konsequent „eulerisch" verhalten. Am Essenstisch bitte ich meinen Tischnachbarn nicht um die Marmelade, die östlich von ihm steht. Obwohl der Freund am Nordende vielleicht viel näher dransitzt. Westlich von mir steht das Brotkörbchen. Hinter mir, also südlich, klingelt es gerade. Am Telefon meldet sich die Tante aus Amerika. Aus dem Westen also. Das ist lustig für einen Moment, aber spätestens auf dem Weg zur Arbeit nervt dieses Euler'sche Koordinatensystem. Um die junge Mutter mit dem Kinderwagen wegzuklingeln... halt, falscher Text. Also, anders als im alten West-Berlin, das nach maximal dreißig Kilometern immer im Osten endete (ok, das ist jetzt auch nicht entschieden viel besser), findet sich meine Vorderradbremse immer rechterhand am Lenker. Wie gut also, dass es neben dem raumfesten euler'schen Koordinatensystem, noch die körperfeste Betrachtungsweise nach Lagrange gibt, mit der eine lokale Orientierung - man bemerke die Paradoxie der Rede - gelingt. Aus Kompetenzgründen meide ich die relativistische Argumentation Einsteins. Doch hier, als Bewohner eines gekrümmten Raumes, sollte sich der östliche Horizont (oder der südliche, je nachdem) ballonartig aufblähen, während sich im Westen die Welt zu einem dichten Kneul zusammendrängt. Als inertialer Betrachter in einem gekrümmten Raum „erlebe" ich dieses Schauspiel zwar, nehme es aber nicht wahr. So etwa sollte sich die krummlinige Koordinatenwelt der Deformierten D'Arcy Thompsons vielleicht anfühlen. Ganz anders dazu nähme eine Ameise, die sich während der Berechnung zufällig auf meinem Biegebalken befände, die 14-prozentige Krümmung der Balkenachse erst in dem Moment wahr, wenn sie zufällig über den Balkenrand blickt und abgrundtief die fein gezogenen Linien der Euler' schen Koordinatenwelt entdeckt.
In die krummlinigen Koordinatenwelt der Deformierten in D'Arcy Thompsons Skizzen werden wir jetzt einen Biegebalken abbilden. Als inertialer Beobachter des Deformationsgeschehens in der DARCY-Transformationswelt werde ich die Verschiebungen und Verzerrungen der Ameise gleich, ebenfalls nicht wahrnehmen, wohl aber tut dies der Euler' sche Betrachter. Draußen in der bösen, raumfesten Welt.
Mit DARCY benannten wir oben eine Transformationsvorschrift, die das karthesische Koordinatensystem in ein Krummliniges zu verwandeln weiß.

$$x_t = a_0 + a_1 x + a_2 x^2 + a_3 xy + a_4 y^2 + a_5 \sin( a_6 )$$
$$y_t = b_0 + b_1 y + b_2 y^2 + b_3 yx + b_4 x^2 + b_5 \sin( b_6 )$$

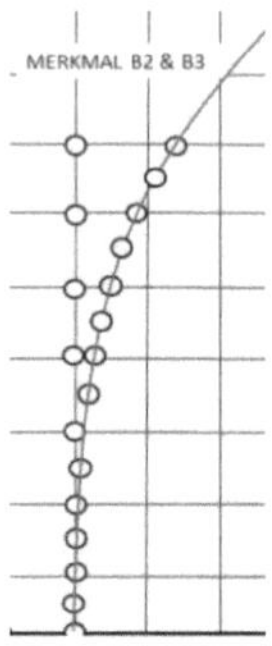


| DARCY Transformationsparameter | | | |
|---|---|---|---|
| $a_0$ | 0.108544 | $b_0$ | -0.000923 |
| $a_1$ | -0.135258 | $b_1$ | 0.056764 |
| $a_2$ | -0.084410 | $b_2$ | -0.004146 |
| $a_3$ | 0.307195 | $b_3$ | -0.001355 |
| $a_4$ | 0.309273 | $b_4$ | 0.056445 |
| $a_5$ | 0.091440 | $b_5$ | 0.959544 |
| $a_6$ | 0.213964 | $b_6$ | 0.446609 |
| x-Koeffizienten | | y-Koeffizienten | |

Allerdings, der Toast auf D'Arcy Wentworth Thompsons "ON GROTH AND FORM" Hundertsten muss auf 2018 verschoben werden (wie schade!), denn wir haben an dieser Stelle des Aufsatzes verschwiegen, auf welche Weise wir in Besitz der n=6 Koeffizienten [$a_n$, $b_n$] gelangen, die das Transformationsversprechen Thompsons einlösen. Das kostet also noch Zeit.

**Konditionierung** mit phylogenetischen Algorithmen

Prinzipiell sind die Koeffizienten $a_n$, $b_n$ einer Konditionierung auf ein zweidimensionales geometrisches Zielproblem mit 2n Unbekannten zugänglich. Die Koeffizienten sind die Parameter einer Konditionierung der Zielfunktion. Bei der Auswahl einer geeigneten Methode zur Konditionierung (auf ein zweidimensionales geometrisches Problem) taucht nun aber eine sehr delikate Frage auf: Wäre für D'Arcy Thompson eine Strategie auf der Basis „Phylogenetischer Algorithmen" akzeptabel gewesen? Hätte er zugestimmt, sie – ein wenig kumpelhaft und frech fürwahr – DARCY zu nennen. Ich weiß es nicht.

D'Arcy Wentworth Thompsons zentrale These ist getragen von der dominanten Bedeutung physikalischer, zuvorderst mechanischer Einflüsse auf Muster, Gestalt und Struktur der Lebewesen. Phylogenetische Veränderung und Entwicklung biologischer Gestalt sei mit Mathematik beschreibbar und voraussagbar, sagt Thompson und beklagt, dass seine Zeitgenossen die „Bedeutung der Evolution für die Form, Funktion und Gestalt der Lebewesen" überschätzen. Heute wissen wir, dass dies keinen Widerspruch darstellt und fügen die Evolutionstheorie Darwins und die

Algorithmen von Wachstum und Form nach D'Arcy Wentworth Thompson ein in die große Erzählung des Werdens und Entstehens in der Natur. Thompson bewunderte Charles Darwin[12], den Älteren. Ob sie sich begegnet sind ist (mir) nicht bekannt. Und dennoch: 1946 wurde D'Arcy Wentworth Thompson die DARWIN-MEDAILLE[13] verliehen, mit der Inschrift:

*"... in reward for work of acknowledged distinction in the broad area of biology in which Charles Darwin worked, notably in evolution, population biology, organismal biology and biological diversity."*

Ich persönlich vermute, dass die Rolle des Zufalls in der Evolutionstheorie Darwins für viele seiner Zeitgenossen den Dreh- und Angelpunkt der Skepsis und Zurückhaltung ausmachte. Die Kernaussage Darwins Theorie, dass Evolution ein langfristiger, fortschreitender Prozess der Entwicklung von Organismen ist, sich die Individuen einer Population durch erbliche Zufalls-Veränderungen unterscheiden und durch die "natürliche Auslese" diejenigen Veränderungen, die ihren Träger besser an eine gegebene Umwelt anpassen häufiger an die nächste Generation weitergegeben, zog D'Arcy Wentworth Thompson ganz offensichtlich nicht in Zweifel. Ob er jedoch einer Verschränkung seiner Transformations- und Darwins Evolutionstheorie mit britischer Fröhlichkeit und englischen Humor zugestimmt hätte möchte ich an dieser Stelle als den glücklichen aller möglichen Fälle annehmen.

Nähern wir uns nun schrittweise den phylogenetischen Algorithmen. Die Entwicklung der Lebewesen auf unserem Planeten führte zu einer unermesslichen Vielfalt an Form, Gestalt und Funktion. Die treibende Kraft dieses Vorgangs ist die biologische Evolution. Evolution ist, auf einer abstrakten Ebene betrachtet, die Entwicklung der unbelebten und belebten Natur aus ihren innewohnenden Gesetzmäßigkeiten heraus. Evolution wird als eine Strategie verstanden, die im Laufe von Milliarden Jahren nicht nur bis an die Grenzen des physikalisch Möglichen optimierte

---

[12] Charles Robert Darwin (* 12. Februar 1809 in Shrewsbury; † 19. April 1882 in Down House/Grafschaft Kent) war ein britischer Naturforscher. Er gilt wegen seiner wesentlichen Beiträge zur Evolutionstheorie als einer der bedeutendsten Naturwissenschaftler.

[13] Die Darwin-Medaille (englisch Darwin Medal) ist eine von der britischen Royal Society verliehene Auszeichnung für Wissenschaftler, die wichtige Beiträge im Bereich der Biologie geleistet haben. Sie wurde nach dem britischen Naturforscher und Mitbegründer der Evolutionstheorie Charles Darwin (1809–1882) benannt und ist mit einem Preisgeld von 1000 Pfund Sterling dotiert.

Formen, Gestalt und Funktionen hervorgebracht hat, sondern auch sich selbst immer weiter optimiert hat. Ingenieure haben in den 70er Jahren des vergangenen Jahrhunderts damit begonnen, die Prinzipien und Mechanismen der biologischen Evolution als Methode zu verstehen und Verfahren entwickelt die geeignet sind, nach dem Vorbild der belebten Natur künstliche Systeme zu optimieren und zu konditionieren. Schon in den frühen 80er Jahren waren numerische Lösungen auf der Basis biologistischer Konzepte verfügbar. Zu den so genannten „evolutionären Algorithmen (EA)" gehören die Genetischen Algorithmen (GA) und die Evolutionsstrategien (ES). Sie taugen für Optimierungsaufgaben in komplexen hochdimensionalen Qualitätenräumen, arbeiten lokal, sind robust und leistungs-fähig. Evolutionären Algorithmen verwenden das essentielle Vokabular der biologischen Evolution: Mutation, Selektion in jeder Generation und wenden das Evolutionsschema auf mathematisch modellierte Optimierungsaufgaben an [Kos03] [Her00] [Her05] [Rec94] [Sche85] [Schw95]. In einem einfachsten Szenario werden zunächst Kopien eines artifiziellen Startsystems erstellt (Mutation). Zufällige Modifizierungen führen auf eine Schar von Varianten des Elternsystems (Variation). MUTANTEN und ELTER bilden ein gemeinsames Selektions-ensemble. In jeder Generation werden alle Variationen des aktuellen ELTER mittels einer Zielfunktion (n-dimensionale Qualitätsfunktion) bewertet und die Qualität aller Systeme ermittelt. Aus der Schar bewerteter Systeme wird ein neuer, aktueller ELTER für die folgende Generation erwählt (Selektion). Mit der Variation dieses ELTER-Systems setzt sich die Kampagne fort. Auf diese Weise steigt die Qualität des Ensembles von Generation zu Generation, bzw. fällt nicht hinter die des aktuellen ELTER zurück. Der Erzeugung der Varianten kommt bei evolutionären Algorithmen eine besondere Bedeutung zu. In unserem Szenario unterscheiden normalverteilt- zufällige Variationen den Objektvariablen- Vektor des Nachkommen von dem des ELTER.

Neben den Merkmalen des als ELTER der nächsten Generation bestellten Musters wird ein Strategieparameter vererbt: die für alle Komponenten des Objektvariablen- Vektors gleiche, globale Variations-Schrittweite $\delta$.

| | | |
|---|---|---|
| ein | Elter | ... erzeugt ... |
| m | Variationen (Mutanten) | ... über |
| g | Generationen | ... sowie einer ... |
| $\delta$ | Variationsschrittweite | Strategieparameter |

… sind die formalen Elementen einfacher evolutionärer Algorithmen.

Der n-dimensionale Objektvariablen-Vektor $\underline{V}(n)$ determiniert eine (r-dimensionale) Qualitätsfunktion $Q(r)$ deren Minimum in einer Konditionierungskampagne ermittelt werden soll. In der Optimierungspraxis steht der n-dimensionale Objektvariablen-Vektor für den Eingabedatensatz der Geometrie einer komplexen Gestaltungsaufgabe. In unserem Fall werden die Steuerungsparameter $s_{ikj}$ in den Objektvariablen-Vektor $\underline{V}$ einbeschrieben. In Optimierungsstrategien, die Varianten über lokale (Ähnlichkeits-) Variationen generieren, kommen entweder eine individuelle vektorielle Variationsschrittweite $\underline{\delta}(n)$ der Generation (n) oder eine skalare, global für alle Vektorkomponenten gleiche Variationsschrittweite $\delta(n)$ mit der der Zufallszahlenvektor gewichtet wird, zur Anwendung.

$$\underline{V}(n+1) = \underline{V}(n) + \underline{\delta}(n)\,\underline{Z}$$

Der Term $\underline{\delta}(n)\,\underline{Z}$ ist der mit der individuellen vektoriellen Variationsschrittweite $\underline{\delta}(n)$ der Generation (g) gewichtete Zufallszahlenvektor $\underline{Z}$ der Dimension (n). $\underline{V}e(n)$ sei ein ELTER-Vektor. Die Ähnlichkeitsvariation der Objektvariablen, das Äquivalent zur biologischen Mutation, sei $\underline{V}m(n)$ der MUTANT-Vektor. Es wird in jeder Generation sukzessive eine Schar von MUTANT-Vektoren generiert. Die Dimension der Objektvariablen ELTER $Ve(n)$, der m Mutanten MUTANT $Vm(n)$, und des besten Nachkommen BESTER $Vb(n)$ sind gleich. Im Rahmen der Optimierungskampagne wird die (r-dimensionale) Qualitätsfunktion $Q(r)$ evaluiert. Die Dimension der Qualitätsfunktion r ist verschieden von der Dimension der Objektvariablen n. Die Evaluierung der Qualitätsfunktion bringt einen besten Nachkommen BESTER $\underline{Vb(n)}$ der Variablenvektoren hervor. Entsprechend der „Spieler" in einer Optimierungskampagne existieren Qualitäten für den ELTER Qe, die Mutanten MUTANT Qm und die Qualität des besten Nachkommen BESTER Qb. Die Qualitätsermittlung nutzt die die Euklidische- Distanz als der spezielle Fall zweiten Grades ($\gamma$=2) einer allgemeinen „Norm" über zwei beliebiger Vektoren $\underline{Ab}$ und $\underline{Ac}$. Es sind:

Allgemeine Norm: norm $(\underline{Ab,Ae})$ = $\left[ \Sigma \left[ \mathbf{A}b(n-1) - \mathbf{A}e(n) \right]^{\gamma} \right]^{1/\gamma}$

Manhattan Distanz: dist,M$(\underline{Ab,Ae})$ = $\Sigma \left[ \mathbf{A}b(n-1) - \mathbf{A}e(n) \right]$

Euklidische Distanz: dist,E $(\underline{Ab,Ae})$ = $\left[ \Sigma \left[ \mathbf{A}b(n-1) - \mathbf{A}e(n) \right]^{2} \right]^{1/2}$

Die Euklidische Distanz repräsentiert den Summenwert über das Quadrat der lokalen Distanzen zweier Vektoren und ist strukturell mit der Varianz über einen Differenzenvektor verwandt und wäre unter den Normen die erste Wahl. In der praktischen Erprobung lieferte aber das MANHATTAN-Kriterium die beste Konvergenz. Im zweidimensionalen Fall ist die Manhattendistanz die  Summe aller absoluten (Koordinaten-) Differenzen distM $=\Sigma[\Delta x]+[\Delta y]$ in einem Koordinatenvergleich zwischen der Figur in einem Motiv- und einem Zielsystem.

Die Arbeitsweise einer klassischen Evolutionsstrategie ist, wie oben beschrieben, von äußerster Einfachheit. Dies gilt auch für Implementierungen für den C-basierten MATLAB Interpreter[14]. Der Kern der Evolutionsstrategie zur Konditionierung einer Transformation in der Ebene ist in 14 Programmzeilen codiert; das ist selbst bei nicht-optimalem Code (grau unterlegte Schrift) wirklich sehr smart.

```
vsto= v;                                              // besterNachkomme
for g=1:Gen                                           // Gen..begin
 for m=1:Mu                                           // Mu..begins
  z0=rand(dim,1,'normal');                            // nvert.ZZ
  if rand()<0.50,dm=de/alfa; else dm=de*alfa; end;    // Schrittweite
  vm=ve+(dm* z0');                                    // Mutation
   s0=vm(1); s1=vm(2); s2=vm(3); s3=vm(4);  s4=vm(5); // linGLsys X
   r0=vm(6); r1=vm(7); r2=vm(8); r3=vm(9); r4=vm(10); // linGLsys Y
   muNODE= TransFormLGS(NODE,s0,s1,s2,s3,s4,s5r0,r1,r2,r3,r4,r5); // Transformation
   qm=MANHATTAN(TARG,muNODE);                         // Summe NormOrd1.
   if qm<qb,qb=qm;vb=vm;db=dm; end;                   // Elektion , KOMMA-Strategie
  end;                                                // Mu..ends
  qe=qb; ve=vb; de=db;  qsto(g)=qe; vsto=vb;          // Erben
end;
```

Die Herangehensweise bei der Konditionierung einer Transformation inspiriert durch D'Arcy Wentworth Thompson ist reichlich einfach. Vergegenwärtigen wir uns hierzu noch einmal die Transformationsaufgabe: Gegeben ist ein einfaches Kraftgrößensystem. Gesucht sind die Koeffizienten einer Transformationsvorschrift, die die Verformung eines durch Streckenlast beaufschlagten Biegebalkens, für dessen elastische

---

[14] Verwendet wird der C-basierte SCILAB Interpreter Scilab is free and open source software for numerical computation providing a powerful computing environment for engineering and scientific applications.
Scilab is released as open source under the CeCILL license (GPL compatible), and is available for download free of charge. Scilab is available under GNU/Linux, Mac OS X and Windows XP/Vista/7/8.
https://www.scilab.org/en/scilab/

Biegung ein geschlossenes mathematisches Modell existiert, in gekrümmten Koordinaten abbildet.

Wir nutzen nun die Information des mathematischen Modells als Zielfunktion in einer Konditionierungskampagne, oder betreiben in Reinhard Lohmanns Sinne eine „Selforganization by Evolution Strategy in nonlinear Transformations". Die exakte Lösung über die Merkmale eines Stellvertretersystems wird iterativ in eine Transformationsvorschrift „rückpropagiert". Nachdem ein Transformationskalkül, das von seinem Charakter nicht linear zu sein braucht, vereinbart wurde, klärt der lokaler Suchalgorithmus nach dem Vorbild der biologischen Evolution die Frage nach den die Transformationsvorschrift determinierenden Koeffizienten eines Gleichungssystems. Dieser als Konditionierung bezeichnete iterative Prozess arbeitet auf einem vom Anwender subjektiv vereinbartem Muster, das aus einem (sehr einfach skizziertem) Motiv, dem Startmuster und einem ebenso nur durch sehr wenige Konstruktionspunkte gegebenen Zielmuster repräsentiert wird. Für dieses Zielmustern existiert ein mathematisches Modell mit einer exakten Lösung. Der Algorithmus „erkennt" die charakteristische Aufgabe der Überführung der Motivkontur in eine andere Kontur (subjektive Zielkontur) und löst damit die Transformationsaufgabe für die gesamte Ebene ohne Information über die topologischen Details im Inneren dieser Strukturen. Durch Steuerungsparameter des Algorithmus bleibt die Abbildung über die gesamte Konditionierungskampagne hinweg homomorph. Sind die Koeffizienten der Transformationsvorschrift erst einmal ermittelt, kann die (homomorphe) Transformation DARCY auf beliebige Strukturen mit komplexen Innenmilieus angewendet werden. Die Methode einer durch phylogenetische Adaption determinierte Koordinatentransformation ist durch die Arbeiten des D'Arcy Wentworth Thompson inspiriert.

Berlin, im Januar 2018

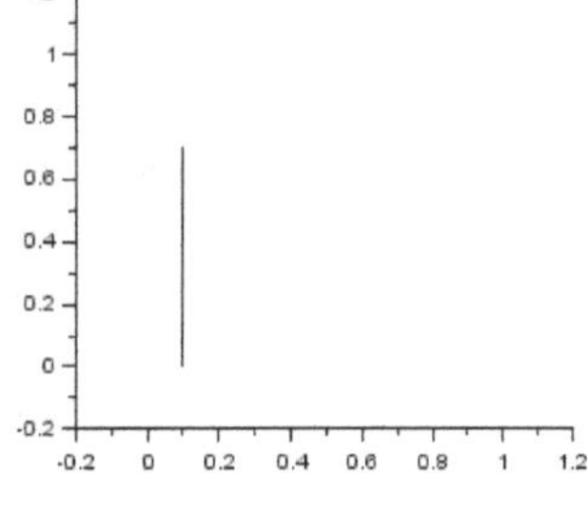

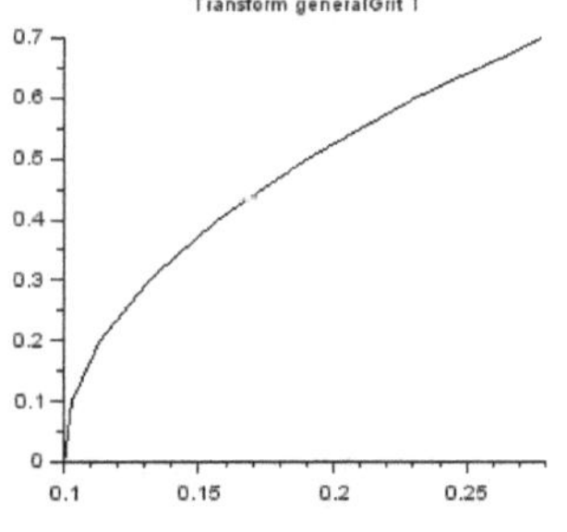

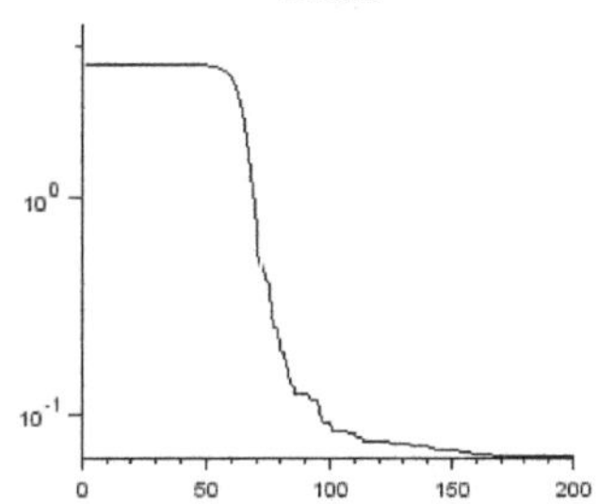

**Bibliographie** und weiterführende Literatur


[Curb01]    Manfred Curbach, Harald Michler, Holger Flederer, Dirk
            Proske_Anwendung von Quasi-Zufallszahlen bei der
            Simulation unter ANSYS
            19th CAD-FEM Users' Meeting 2001 October 17-19, 2001
            International Congress on FEM Technology. Berlin, Potsdam.

[Die09-3]   Dienst, Mi.(2009) Artifizielle Evolution Heute. Optimieren
            nach dem Vorbild der Natur. GRIN-Verlag GmbH München.
            ISBN: 978-3-640-39858-4. ISBN (E-Book): 978-3-640-39834-8

[Die-07]    Dienst, M., (2007) Adaption von Transformationscharakte-
            ristiken. In Forschungsberichte 2007 der TFH Berlin, S. 166-
            171. Publikationen der Technischen Fachhochschule Berlin.

[Han-98]    Hansen, N. (1998) Verallgemeinerte individuelle Schritt-
            weitenregelung in der Evolutionsstrategie. Dissertation,
            Technische Universität Berlin 1998.

[Her-00]    Herdy, Michael, (2000) Beiträge zur Theorie und Anwendung
            der Evolutionsstrategie. Mensch und Buch Verlag, Berlin.

[Her-05]    Herdy, Michael, (2005) Anwendung der Evolutionsstrategie in
            der Industrie. In Evolution zwischen Chaos und Ordnung. S.
            123 – 138. Freie Akademie Verlag, Bernau.

[Kah91]     Kahlert, J. (1991) Vektorielle Optimierung mit Evolutions-
            strategien und Anwendungen in der Regelungstechnik. VDI
            Verlag, Reihe 8 Nr. 234.

[Kos-03]    Kost, Bernd, (2003) Optimierung mit Evolutionsstrategien.
            Harri Deutsch Verlag, Frankfurt a. M.

[Ost-97]    Ostermeier, A. (1997) Schrittweitenadaptation in der
            Evolutionsstrategie mit einem entstochastisierten Ansatz.
            Diss. Technische Universität Berlin 1997.

[Rec-94]    Rechenberg, Ingo, (1994) Evolutionsstrategie. Frommann
            Holzboog Verlag Stuttgart- Bad Cannstatt.

[Sche-85]   Scheel, Armin (1985) Beitrag zur Theorie der Evolutions-
            strategie. Dissertation, TU Berlin.

[Schw-95]   Schwefel, H.–P. (1995) Evolution and Optimum Seeking. John
            Wiley & Sons. New York.

# BEI GRIN MACHT SICH IHR WISSEN BEZAHLT

- Wir veröffentlichen Ihre Hausarbeit, Bachelor- und Masterarbeit

- Ihr eigenes eBook und Buch - weltweit in allen wichtigen Shops

- Verdienen Sie an jedem Verkauf

Jetzt bei www.GRIN.com hochladen und kostenlos publizieren